# DIE KINETIK DER WIRKUNG VON EFFEKTOREN AUF STATIONÄRE FERMENTSYSTEME

VON

## HANS-DIETER OHLENBUSCH
PRIVATDOZENT FÜR PHYSIOLOGISCHE CHEMIE
AN DER UNIVERSITÄT KIEL

MIT 8 ABBILDUNGEN

Springer-Verlag Berlin Heidelberg GmbH
1962

Alle Rechte, insbesondere das der Übersetzung in fremde Sprachen, vorbehalten
Ohne ausdrückliche Genehmigung des Verlages ist es auch nicht gestattet, dieses
Buch oder Teile daraus auf photomechanischem Wege (Photokopie, Mikrokopie)
zu vervielfältigen

© Springer-Verlag Berlin Heidelberg 1962
Ursprünglich erschienen bei Springer-Verlag OHG / Berlin · Göttingen · Heidelberg 1962

ISBN 978-3-540-02892-5     ISBN 978-3-642-86290-8 (eBook)
DOI 10.1007/978-3-642-86290-8

Library of Congress Catalog Card Number 62-21865

Die Wiedergabe von Gebrauchsnamen, Handelsnamen, Warenbezeichnungen usw. in diesem Buche berechtigt auch ohne besondere Kennzeichnung nicht zu der Annahme, daß solche Namen im Sinne der Warenzeichen- und Markenschutz-Gesetzgebung als frei zu betrachten wären und daher von jedermann benutzt werden dürften

Herrn Professor Dr. Hans Netter
in Verehrung gewidmet

## Inhaltsverzeichnis

I. Einleitung . . . . . . . . . . . . . . . . . . . . . . 1
II. Empirische Kinetik . . . . . . . . . . . . . . . . . 2
III. Die allgemeine Geschwindigkeitsgleichung . . . . . . . . . . 6
IV. Die drei klassischen Hemmungsmechanismen . . . . . . . . . 12
V. Beziehungen zwischen den einzelnen Geschwindigkeitskonstanten 15
VI. Die Geschwindigkeitsgleichung für $|r_1 - r_1'|$ endlich . . . . . . . 20
VII. Die Geschwindigkeitsgleichung für $r_1 \gg 1$, jedoch $r_1'$ nicht $\gg 1$ . . 24
VIII. Die Geschwindigkeitsgleichung für $r_1' \gg 1$ . . . . . . . . . . . 28
IX. Zusammenfassende Schlußbetrachtung . . . . . . . . . . . . 29
    Literaturverzeichnis . . . . . . . . . . . . . . . . . 35

## I. Einleitung

Enzymatische Katalysen heben sich von anderen katalytischen Reaktionen durch den hohen Grad ihrer Spezifität ab. Grundlage dieser hohen Spezifität ist die Struktur des Enzymproteins. Der Zusammenhang zwischen Struktur und Funktion ist das Schlüsselproblem bei der Aufklärung der Wirkungsweise eines gegebenen Enzyms. Es ist bisher noch in keinem Falle vollständig gelöst.

Methodisch bieten sich vor allem zwei Arbeitsrichtungen zur Aufklärung dieser Fragen an. Aus ihrem befruchtenden Wettstreit sind wesentliche Fortschritte zu erwarten. Dies sind einmal chemisch-analytische Methoden mit dem Ziel der Ermittlung der Struktur des Fermentproteins, zum anderen handelt es sich um enzymkinetische Untersuchungen der Wirkungsbedingungen eines Fermentes. Mit der zweiten Methode soll sich der vorliegende Beitrag beschäftigen.

Das Wesen einer enzymkinetischen Untersuchung besteht darin, die Reaktionsgeschwindigkeit des Fermentes in Abhängigkeit von vorgegebenen Bedingungen zu messen und zu prüfen, ob die experimentell gefundene Abhängigkeit mit Hilfe bestimmter Gleichungen beschrieben werden kann, die aus theoretischen Modellvorstellungen abgeleitet wurden. Besteht eine derartige Übereinstimmung, so lassen sich dann aus den Meßwerten die Parameter der zugrunde gelegten theoretischen Funktion als charakteristische Konstanten der untersuchten Fermentreaktion gewinnen. Es ist eine Erfahrungstatsache, daß in der Mehrzahl der Fälle einige wenige einfache Modellvorstellungen bereits die quantitative Auswertung der Versuchsdaten ermöglichen. Dies ist um so erstaunlicher, als mit Sicherheit angenommen werden muß, daß der zugrunde liegende reale Reaktionsmechanismus wesentlich komplizierter sein muß als das angenommene Modell. Es muß offenbar unterschieden werden zwischen dem realen Reaktionsmechanismus und dem phänomenologischen Typ der Reaktion, wie er sich aus den experimentellen Daten ergibt. Wenn verschiedene Reaktionsmechanismen den gleichen experimentellen Typ ergeben, muß in ihnen ein Minimum an Bedingungen gleich sein, das zu diesem Typ führt. Über dieses Minimum reicht die Aussagekraft enzymkinetischer Ergebnisse naturgemäß nicht hinaus, solange nicht zusätzliches Erfahrungsmaterial herangezogen werden kann. Um so wichtiger ist es, die Faktoren, die einen bestimmten experimentellen Typ einer Fermentreaktion bedingen, genau zu kennen. Es soll daher im folgenden der Versuch unternommen werden, eine Reihe solcher Bedingungen aufzustellen. Hierbei muß in der Darstellung besonders streng zwischen den theoretischen Annahmen über den Ablauf der Fermentreaktion und dem resultierenden phänomenologischen Typ unterschieden werden. Deshalb sollen im folgenden Kapitel die empirischen Tatsachen unter peinlicher Vermeidung einer theoretischen Interpretation dargestellt werden und erst anschließend theoretische Reaktionsschemata daraufhin analysiert werden, unter welchen Umständen sie jeweils zu einem der empirischen kinetischen Typen führen.

## II. Empirische Kinetik

Die experimentell sich ergebende Abhängigkeit der Reaktionsgeschwindigkeit $v$ eines Fermentes von der Substratkonzentration $[S]$ läßt sich im typischen Fall analog der Kurve in Abb. 1 darstellen.

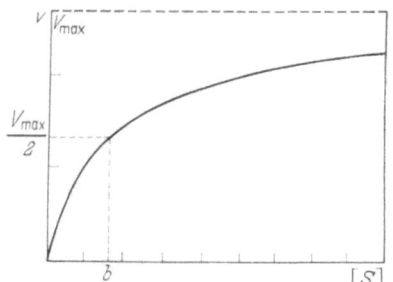

Abb. 1. Abhängigkeit der Reaktionsgeschwindigkeit $v$ eines Fermentes von der Substratkonzentration $[S]$

Die einfachste Funktion, die solch eine Kurve beschreibt, lautet:

$$v = a \cdot \frac{[S]}{b+[S]}. \quad (\text{II.1})[1]$$

Wenn $[S] \to \infty$, erreicht $v = a$ einen konstanten Wert, die Maximalgeschwindigkeit $V_{\max}$. Sie ist im allgemeinen der Gesamt-

---

[1] Funktionen vom Typ der Gl. (II.1) sind nicht auf die Enzymkinetik beschränkt, sondern treten ganz allgemein bei Vorgängen auf, bei denen ein limitierender Faktor Sättigungserscheinungen zeigt. Ein charakteristisches Beispiel ist die Langmuirsche Adsorptionsisotherme (1918). Diese formale Vieldeutigkeit ist zu beachten, wenn man etwa bei einem biologischen Vorgang, der Gl. (II.1) gehorcht, allein aus dieser Tatsache auf seinen enzymatischen Charakter schließen will. Trugschlüsse dieser Art liegen beispielsweise nahe bei der Untersuchung biologischer Transportvorgänge.

menge an Enzym $E_0$ proportional. Wir können demzufolge Gl. (II.1) auch schreiben:

$$v = V_{max} \cdot \frac{[S]}{b+[S]} = k \cdot E_0 \cdot \frac{[S]}{b+[S]} \qquad (II.2)$$

Wenn $[S]=b$, ist $v=V_{max}/2$. Es gibt also $b$ die Substratkonzentration an, bei der die halbe Maximalgeschwindigkeit herrscht. Je kleiner $b$ ist, um so größer ist die Affinität zwischen Ferment und Substrat in Hinsicht auf die untersuchte Reaktion.

Zur graphischen Auswertung von Gl. (II.1) ist es zweckmäßig, Funktionen der Variablen $v$ und $[S]$ zu wählen, die der Gleichung einer Geraden gehorchen. Von den drei Möglichkeiten, die sich hier anbieten, ist am häufigsten jene im Gebrauch, bei der die reziproke Geschwindigkeit $1/v$ gegen die reziproke Substratkonzentration $1/[S]$ aufgetragen wird[1]. Aus Gl. (II.2) wird dann:

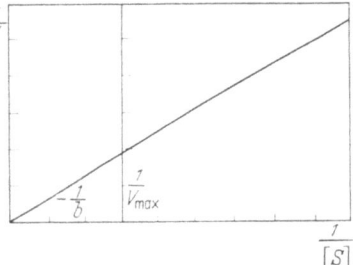

Abb. 2. Auftragung nach LINEWEAVER-BURK

$$\frac{1}{v} = \frac{1}{V_{max}} \cdot \left(1 + \frac{b}{[S]}\right). \qquad (II.3)$$

Bei der graphischen Auftragung von (II.3) lassen sich aus der Ordinatenhöhe im Punkte

$$\frac{1}{[S]} = 0: \frac{1}{V_{max}}$$

und aus der Abszissenlänge im Punkte

$$\frac{1}{v} = 0: -\frac{1}{b}$$

als charakteristische Konstanten der untersuchten Reaktion entnehmen (Abb. 2).

Es ist eine alltägliche Erfahrung der experimentellen Enzymologie, daß Fermentreaktionen durch dritte Stoffe beeinflußt werden können. Diese Stoffe sollen ganz allgemein als Effektoren

---

[1] Als Initiatoren dieser Art der Darstellung gelten LINEWEAVER und BURK (1934), obwohl bereits früher andere Forscher diese Form angeregt und benutzt haben. HALDANE und STERN (1932), HANES (1932).

4    Empirische Kinetik

bezeichnet werden, speziell als Aktivatoren, wenn ihr Fehlen, und als Inhibitoren, wenn ihre Gegenwart zu einer Herabsetzung der Reaktionsgeschwindigkeit führt. Auch in Gegenwart solcher Effektoren lassen sich für eine gegebene Effektorkonzentration die experimentell gefundenen Werte häufig wie in Abb. 2 auftragen[1]. Die dabei sich ergebenden Parameter $V'_{max}$ und $b'$ erweisen sich dann als Funktionen der Effektorkonzentration. Aus der fast unübersehbaren Zahl der Untersuchungen, in denen die Veränderung der empirischen Parameter durch einen Effektor bestimmt wurden, schälen sich drei Typen einer möglichen Effektorwirkung heraus.

Typ I:
$$V'_{max} < V_{max}, \quad b' = b,$$

d.h. für eine gegebene Effektorkonzentration [Y]:

$$V'_{max} = \frac{V_{max}}{1+f(Y)},$$

wobei $f(Y)$ eine positive Funktion von $[Y]$ sein soll.

Typ II:
$$V'_{max} = V_{max}, \quad b' > b,$$
d.h.
$$b' = b(1+g(Y)),$$

wobei $g(Y)$ eine positive Funktion von $[Y]$ sein soll.

Typ III[2]:
$$\frac{V'_{max}}{V_{max}} = \frac{b'}{b},$$
d.h.
$$V'_{max} = \frac{V_{max}}{1+f(Y)}, \quad b' = \frac{b}{1+f(Y)}.$$

Um alle drei Typen geschlossen darstellen zu können, soll Gl. (II.3) modifiziert werden:

$$\frac{V_{max}}{v} = 1 + f(Y) + \big(1 + g(Y)\big) \cdot \frac{b}{[S]}. \qquad (II.4)$$

[1] Es muß allerdings vermerkt werden, daß in einigen Fällen infolge der subjektiven Irrtumsmöglichkeit bei graphischen Auswertungen eine eingezeichnete Gerade ihre Existenz mehr der vorgefaßten Meinung des Experimentators als den realen Versuchsergebnissen zu verdanken scheint.

[2] Typ III tritt experimentell wesentlich seltener auf als die anderen beiden Typen.

Aus Gl. (II.4) folgt

Typ I mit $f = g$,
Typ II mit $f \ll 1$,
Typ III mit $g \ll 1$.

Der allgemeine Fall $f \neq g$, $f > 0$, $g > 0$ hat bisher nur wenig Beachtung gefunden. Er wurde theoretisch von SEGAL (1952) und FRIEDENWALD u. Mitarb. (1954) behandelt.

Die Erfahrung hat in den meisten Fällen gezeigt, daß $f$ und $g$ proportional $[Y]^n$ ($n =$ ganzzahlig) sind, wobei im Falle der Aktivierung $n < 0$, im Falle der Hemmung $n > 0$. Hierbei sind wieder die Fälle am häufigsten, in denen $|n| = 1$. Bei Hemmungen sind dann $f$ und $g$ direkt $[Y]$ proportional. Führen wir als Proportionalitätskonstante $1/K'_y$ und $1/K_y$ ein, so können wir Gl. (II.4) für den Fall einer Hemmung formulieren:

$$\frac{V_{\max}}{v} = 1 + \frac{[Y]}{K'_y} + \left(1 + \frac{[Y]}{K_y}\right) \cdot \frac{b}{[S]}. \qquad \text{(II.5)}$$

Entsprechend ergibt sich für eine Aktivierung:

$$\frac{V_{\max}}{v} = 1 + \frac{K'_y}{[Y]} + \left(1 + \frac{K_y}{[Y]}\right) \cdot \frac{b}{[S]}. \qquad \text{(II.6)}$$

Die Konstanten $K'_y$ und $K_y$ geben jeweils die Konzentration von $[Y]$ an, für die $f$ bzw. $g = 1$ sind. Sie können demnach als Hemmungs- oder Aktivierungskonstanten bezeichnet werden. Ihre theoretische Bedeutung wird sich aus den Ableitungen in den folgenden Kapiteln ergeben.

Bei der graphischen Auftragung nach Abb. 2 bekommt man bei Vorliegen des Typs I für verschiedene $[Y]$ ein Bündel von Geraden mit gemeinsamem Schnittpunkt auf der Abszisse, die die Ordinate jeweils im Punkte $1/V'_{\max}$ schneiden (Abb. 3).

Der Typ II liefert Geraden, deren gemeinsamer Schnittpunkt auf der Ordinate liegt und die die Abszisse jeweils im Punkte $1/b'$ schneiden (Abb. 3, II).

Der Typ III schließlich führt zu Parallelen (Abb. 3, III).

Abschließend soll noch einmal betont werden, daß die soeben definierten kinetischen Typen lediglich eine empirische Beschreibung der vorliegenden experimentellen Befunde darstellen. Es wird jetzt die weitere Aufgabe sein, den Zusammenhang zwischen dem experimentell bestimmbaren kinetischen *Typ* und möglichen *Mechanismen* der Einwirkung eines Inhibitors zu untersuchen.

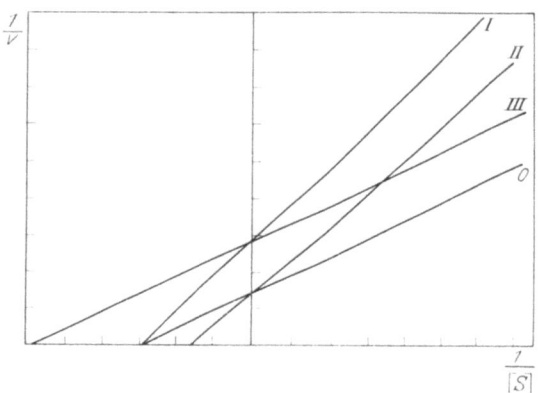

Abb. 3. Die drei kinetischen Typen in der Auftragung nach LINEWEAVER-BURK. *O* Reaktion in Abwesenheit des Effektors

## III. Die allgemeine Geschwindigkeitsgleichung

Die theoretische Interpretation der Gl. (II.1) geht aus von dem Grundgedanken, daß bei jeder Fermentreaktion intermediär eine Vereinigung von freiem Enzym $(E)$ und Substrat $(S)$ zum sogenannten Enzym-Substrat-Komplex $(ES)$ stattfindet. [BROWN (1902), HENRI (1903), MICHAELIS und MENTEN (1913).][1]

Die Reaktion besteht demnach aus mindestens zwei Schritten:

$$E + S \underset{k_{-0}}{\overset{k_0}{\rightleftarrows}} ES \underset{k_{-1}}{\overset{k_1}{\rightleftarrows}} E + P. \qquad (III.1)$$

Aus diesem Schema folgen die kinetischen Gleichungen:

$$\frac{d[ES]}{dt} = k_0[E][S] + k_{-1}[E][P] - (k_{-0} + k_1)[ES], \qquad (III.2)$$

$$-\frac{d[S]}{dt} = \frac{d[P]}{dt} = v = k_1[ES] - k_{-1}[E][P]. \qquad (III.3)$$

---

[1] Prinzipiell kann Gl.(II.1) auch ohne Annahme der Bildung eines $ES$-Komplexes abgeleitet werden [BARENDRECHT (1904), HENRI (1903), MEDWEDEW (1937)].

Jedoch ist in mehreren Fällen die Bildung und der Zerfall eines $ES$-Komplexes bei Fermentreaktionen direkt beobachtet worden [CHANCE (1951), THEORELL (1951), CANN (1961)].

## Die allgemeine Geschwindigkeitsgleichung

Ferner gelten die Erhaltungsgleichungen:

$$\left.\begin{array}{l}[E]+[ES]=E_0\\(E_0\text{: Gesamtkonzentration an Enzym}),\end{array}\right\} \quad \text{(III.4)}$$

$$\left.\begin{array}{l}[S]+[P]+[ES]=S_0\\(S_0\text{: Ausgangskonzentration an Substrat}).\end{array}\right\} \quad \text{(III.5)}$$

Die Bedingungen $S_0 \gg E_0$ und $[P]=0$ (Anfangsgeschwindigkeit) überführen Gl. (III.2) und (III.3) mit $[S]=S_0$ in:

$$\frac{d[ES]}{dt} = k_0[E][S] - (k_{-0}+k_1)[ES], \quad \text{(III.6)}$$

$$v = k_1[ES]. \quad \text{(III.7)}$$

Im zeitlichen Ablauf sind zwei Abschnitte der Reaktion zu unterscheiden:

1. Beim Zusammengeben von $E$ und $S$ bildet sich zunächst $ES$:

$$\frac{d[ES]}{dt} > 0.$$

2. In dem Maße, in dem $[ES]$ anwächst, steigt auch die Zerfallsgeschwindigkeit des Komplexes, bis sie schließlich der Bildungsgeschwindigkeit gleich ist:

$$\frac{d[ES]}{dt} = 0.$$

Die Reaktion hat ihren stationären Zustand (steady state) erreicht.

Der erste Zeitabschnitt wird sinngemäß als presteady state bezeichnet. Er ist in der Regel so kurz, daß er nur mit speziellen Methoden zur Messung schneller Reaktionen verfolgt werden kann. Mit den üblichen Methoden wird jeweils nur der stationäre Zustand der Fermentreaktion erfaßt. Aus diesem Grunde beschäftigen sich diese Ausführungen ausschließlich mit dem kinetischen Verhalten von Fermenten im stationären Zustand.

Für den stationären Zustand erhalten wir aus den Gln. (III.4), (III.6) und (III.7)

$$v = V_{\max} \cdot \frac{[S]}{[S]+K_m} \quad \text{(III.8)}$$

mit

$$V_{\max} = k_1 E_0, \quad \text{(III.9)}$$

$$K_m = \frac{k_{-0}+k_1}{k_0} = \frac{[E][S]}{[ES]}. \quad \text{(III.9a)}$$

$K_m$ wird als Michaelis-Konstante bezeichnet[1]. Sie ist mit der empirischen Konstanten $b$ aus Gl. (II.1) identisch.

Die Reaktion (III.1) stellt den einfachsten Fall einer Fermentreaktion dar, der zu der experimentell auftretenden linearen Beziehung zwischen $1/v$ und $1/[S]$ [Gl. (II.3)] führt. Nun ist aber die Vorstellung, daß im allgemeinen bei Enzymreaktionen nur ein einziger $ES$-Komplex auftritt, alles andere als wahrscheinlich. Vielmehr ist damit zu rechnen, daß im Verlaufe der Reaktion verschiedene $ES$-Komplexe nacheinander durchlaufen werden, ehe der Zerfall in Enzym und Produkt [s. z. B. LUMRY (1959)] eintritt. Wie HEARON (1952) gezeigt hat, gehorcht auch in diesem Falle die Reaktion der Gl. (III.8), allerdings sind die Konstanten $K_m$ und $V_{max}$ jetzt komplizierte Funktionen der einzelnen Geschwindigkeitskonstanten. Vereinfachungen treten immer dann ein, wenn die Geschwindigkeitskonstanten der Einzelreaktionen von unterschiedlicher Größenordnung sind, so daß eine oder mehrere Konstanten neben den anderen vernachlässigt werden können. Das bedeutet, daß von den $ES$-Komplexen einige in so geringer Konzentration vorliegen, daß sie neben den anderen in der Summe nicht mehr in Erscheinung treten.

Um die Einwirkung von Effektoren zu berücksichtigen, muß das Schema (III.1) erweitert werden. Zur Erklärung dieses Einflusses muß man an folgende Möglichkeiten denken.

1. Eine allgemeine Milieuwirkung auf das Enzymeiweiß (z. B. Änderung der Ionenstärke oder der Dielektrizitätskonstanten des Lösungsmittels).

2. Eine von dem Enzym unabhängige Reaktion zwischen Substrat und Effektor.

3. Bei Hemmungen eine irreversible Denaturierung des Fermentproteins.

4. Eine reversible Bindung des Effektors an das Enzym. Allein diese vierte Möglichkeit soll uns im folgenden beschäftigen.

Neben dem $ES$-Komplex können sich jetzt weitere Komplexe bilden:

---

[1] MICHAELIS und MENTEN (1913) hatten ursprünglich angenommen, daß $k_{-0} \gg k_1$. In diesem Falle ist $K_m = k_{-0}/k_0$ die thermodynamische Dissoziationskonstante des $ES$-Komplexes. BRIGGS und HALDANE (1925) zeigten später, daß diese Restriktion nicht erforderlich ist.

Erstens ein Komplex zwischen $E$ und Effektor ($Y$) und schließlich ein ternärer Komplex zwischen $E$, $S$ und $Y$ ($EYS$).
Damit lautet das einfachste Reaktionsschema:

$$\begin{array}{ccc} Y & Y & \\ + & + & \\ S+E \underset{k_{-0}}{\overset{k_0}{\rightleftarrows}} & ES \xrightarrow{k_1} & E+P \\ {\scriptstyle k_{-y}}\updownarrow{\scriptstyle k_y} & {\scriptstyle k'_{-y}}\updownarrow{\scriptstyle k'_y} & \\ S+EY \underset{k'_{-0}}{\overset{k'_0}{\rightleftarrows}} & EYS \xrightarrow{k'_1} & EY+P. \end{array} \quad \text{(III.10)}$$

Ferner soll gelten:
$$\begin{matrix} [S] \gg E_0 \\ [Y] \gg E_0 \end{matrix} \ [P] = 0. \tag{III.11}$$

Dann ergeben sich aus (III.10) die kinetischen Gleichungen:

$$\left.\begin{aligned} \frac{d[E]}{dt} &= k_{-y}[EY] - (k_y[Y] + k_0[S])[E] + (k_{-0} + k_1)[ES], \\ \frac{d[ES]}{dt} &= k_0[S][E] - (k_{-0} + k_1 + k'_y[Y])[ES] + k'_{-y}[EYS], \\ \frac{d[EY]}{dt} &= k_y[Y][E] - (k_{-y} + k'_0[S])[EY] + (k'_{-0} + k'_1)[EYS], \end{aligned}\right\} \text{(III.12)}$$

$$v = -\frac{d[S]}{dt} = \frac{d[P]}{dt} = k_1[ES] + k'_1[EYS]. \tag{III.13}$$

Im stationären Zustand ist
$$\frac{d[E]}{dt} = \frac{d[ES]}{dt} = \frac{d[EY]}{dt} = 0. \tag{III.14}$$

Aus thermodynamischen Gründen [Prinzip des detaillierten Gleichgewichtes, NETTER (1959)], herrscht zwischen den einzelnen Geschwindigkeitskonstanten die Beziehung:

$$\frac{k_0 \cdot k'_{-0}}{k_{-0} \cdot k'_0} = \frac{k_y \cdot k'_{-y}}{k_{-y} \cdot k'_y} = Q. \tag{III.15}$$

Dieses Verhältnis wird in den weiteren Überlegungen eine wesentliche Rolle bei der Charakterisierung des Wirkungsmechanismus der Effektoren spielen. Deshalb wurde dafür das Symbol $Q$ eingeführt.

Unter Benutzung der Symbole:

$$\begin{aligned}
\mathscr{S} &= \frac{k_0[S]}{k_{-0}} & \mathscr{S}' &= \frac{k_0'[S]}{k_{-0}'}, \\
\mathscr{Y} &= \frac{k_y[Y]}{k_{-y}} & \mathscr{Y}' &= \frac{k_y'[Y]}{k_{-y}'}, \\
r_0 &= \frac{k_{-0}'}{k_{-0}} & r_y &= \frac{k_{-y}'}{k_{-y}} & \bar{r} &= \frac{k_{-y}'}{k_{-0}'}, \\
r_1 &= \frac{k_{-0}+k_1}{k_{-0}} & r_1' &= \frac{k_{-0}'+k_1'}{k_{-0}'}
\end{aligned} \quad \text{(III.16)}$$

erhalten wir unter Berücksichtigung der Gln. (III.14) und (III.15) aus (III.12):

$$\left. \begin{aligned}
(\bar{r}\,r_0\mathscr{Y} + r_y\mathscr{S})\,[E] &= \bar{r}\,r_0\,[EY] + r_y r_1\,[ES], \\
(\bar{r}\,r_0\mathscr{Y}' + r_1)\,[ES] &= \bar{r}\,r_0\,[EYS] + \mathscr{S}\,[E], \\
(\bar{r} + r_y\mathscr{S}')\,[EY] &= \bar{r}\,\mathscr{Y}\,[E] + r_y r_1'\,[EYS].
\end{aligned} \right\} \quad \text{(III.17)}$$

Unter Berücksichtigung der Erhaltungsbedingung

$$[E] + [ES] + [EY] + [EYS] = E_0 \quad \text{(III.18)}$$

und der Tatsache, daß wegen (III.15)

$$\frac{\mathscr{S}}{\mathscr{S}'} = \frac{\mathscr{Y}}{\mathscr{Y}'} = Q, \quad \text{(III.19)}$$

ergeben sich aus dem Gleichungssystem (III.17) folgende Lösungen:

$$\left. \begin{aligned}
[E] &= \frac{E_0}{N}\{(r_y\mathscr{S}'+r_1')\,r_1 + \bar{r}(r_1 + r_0 r_1'\mathscr{Y}')\}\frac{1}{\mathscr{S}}, \\
[EY] &= \frac{E_0}{N}\{(r_y\mathscr{S}'+r_1)\,r_1' + \bar{r}(r_1 + r_0 r_1'\mathscr{Y}')\}\frac{\mathscr{Y}}{\mathscr{S}}, \\
[ES] &= \frac{E_0}{N}\{(r_y\mathscr{S}'+r_1'+\bar{r}(1 + r_0\mathscr{Y}')\}, \\
[EYS] &= \frac{E_0}{N}\{r_y\mathscr{S}'+r_1 + \bar{r}(1 + r_0\mathscr{Y}')\mathscr{Y}'\}
\end{aligned} \right\} \quad \text{(III.20)}$$

mit

$$\begin{aligned}
N = &\{r_y\mathscr{S}'+r_1'+\bar{r}(1+r_0\mathscr{Y}')\} + \{r_y\mathscr{S}'+r_1+\bar{r}(1+r_0\mathscr{Y}')\}\mathscr{Y}' + \\
&+ \{(r_y\mathscr{S}'+r_1')\,r_1 + \bar{r}(r_1 + r_1' r_0\mathscr{Y}')\}\frac{1}{\mathscr{S}} + \\
&+ \{(r_y\mathscr{S}'+r_1)\,r_1' + \bar{r}(r_1 + r_1' r_0\mathscr{Y}')\}\frac{\mathscr{Y}}{\mathscr{S}}.
\end{aligned}$$

Die allgemeine Geschwindigkeitsgleichung

Durch Einsetzen der Beziehungen (III.20) in Gl. (III.13) erhalten wir schließlich die vollständige Geschwindigkeitsgleichung:

$$\frac{k_{-0}E_0}{v} = \frac{1 + \frac{r_y\mathscr{S}' + r_1 + \bar{r}(1+r_0\mathscr{Y}')}{r_y\mathscr{S}' + r_1' + \bar{r}(1+r_0\mathscr{Y}')}\mathscr{Y}'}{(r_1-1) + (r_1'-1)r_0\mathscr{Y}'\frac{r_y\mathscr{S}' + r_1 + \bar{r}(1+r_0\mathscr{Y}')}{r_y\mathscr{S}' + r_1' + \bar{r}(1+r_0\mathscr{Y}')}} + \frac{\frac{(r_y\mathscr{S}' + r_1')r_1 + \bar{r}(r_1 + r_1'r_0\mathscr{Y}')}{r_y\mathscr{S}' + r_1' + \bar{r}(1+r_0\mathscr{Y}')}\cdot\frac{1}{\mathscr{S}} + \frac{(r_y\mathscr{S}' + r_1)r_1 + \bar{r}(r_1 + r_1'r_0\mathscr{Y}')}{r_y\mathscr{S}' + r_1' + \bar{r}(1+r_0\mathscr{Y}')}\cdot\frac{\mathscr{Y}}{\mathscr{S}}}{(r_1-1) + (r_1'-1)r_0\mathscr{Y}'\frac{r_y\mathscr{S}' + r_1 + \bar{r}(1+r_0\mathscr{Y}')}{r_y\mathscr{S}' + r_1' + \bar{r}(1+r_0\mathscr{Y}')}}$$

(III.21)

In Gl. (III.21) treten nur positive Glieder auf. Bei Zulassung von negativen Werten in der Formel läßt sich Gl. (III.21) wesentlich vereinfachen:

$$\frac{V_{max}}{v} = \frac{1 + \mathscr{Y}' + (1+\mathscr{Y})\frac{r_1}{\mathscr{S}} + \mathscr{P}}{1 + \frac{k_1'}{k_1}\mathscr{Y}'(1+\mathscr{P}')} \tag{III.22}$$

mit

$$V_{max} = k_1 E_0, \tag{III.23}$$

$$\mathscr{P} = \frac{(r_y-1)\mathscr{S} + \bar{r}r_0\cdot(1+\mathscr{Y})}{r_y\mathscr{S}' + r_1' + \bar{r}(1+r_0\cdot\mathscr{Y}')}\cdot\frac{\mathscr{Y}'}{\mathscr{S}}(r_1' - r_1), \tag{III.24}$$

$$\mathscr{P}' = -\frac{1}{r_y\mathscr{S}' + r_1' + \bar{r}(1+r_0\cdot\mathscr{Y}')}\cdot(r_1' - r_1). \tag{III.25}$$

Bereits das einfache Reaktionsschema (III.10) ergibt eine Geschwindigkeitsgleichung, die nicht mehr linear in $1/[S]$ oder $[Y]$ ist. Wie im vorhergehenden Kapitel ausgeführt und in Gl. (II.4) formuliert wurde, wird aber experimentell immer wieder solch eine lineare Abhängigkeit gefunden. Offenbar existieren in diesen Fällen spezielle Werte für die Konstanten der Gl. (III.21), die diese Funktion auf die empirisch gefundenen einfachen Beziehungen reduziert. Es soll deshalb in den folgenden Kapiteln systematisch untersucht werden, welche Annahmen über den Wert der einzelnen Konstanten jeweils zu der erwarteten Linearisierung der allgemeinen Geschwindigkeitsgleichung führen. Hierbei sollen zur Vereinfachung der Darstellung nur Hemmungen behandelt werden. Die Beziehungen für Aktivierungen lassen sich sinngemäß aus diesen Überlegungen ableiten.

Für Hemmungen gilt die empirische Gl. (II.5), die sich unter Berücksichtigung der Tatsache, daß $b = K_m$, formulieren läßt:

$$\frac{V_{\max}}{v} = 1 + \frac{[Y]}{K'_y} + \left(1 + \frac{[Y]}{K_y}\right) \frac{K_m}{[S]}. \tag{III.26}$$

Die in Kapitel II definierten kinetischen Typen ergeben sich für bestimmte Relationen der Hemmungskonstanten:

$$\text{Typ I} \quad K'_y = K_y,$$
$$\text{Typ II} \quad K'_y \gg K_y,$$
$$\text{Typ III} \quad K'_y \ll K_y.$$

## IV. Die drei klassischen Hemmungsmechanismen

$$(|r_1 - r'_1| \ll 1)$$

Eine erhebliche Vereinfachung der allgemeinen Geschwindigkeitsgleichung (III.21) bzw. (III.22) tritt ein, wenn die Ausdrücke $\mathscr{P}$ und $\mathscr{P}'$ in Gl. (III.22) gleich Null sind. Dies ist in exakter Weise nur möglich, wenn

$$r_1 = r'_1. \tag{IV.1}$$

Im anschließenden Kapitel werden bestimmte Reaktionsschemata erörtert werden, in denen die Gültigkeit der Beziehung (IV.1) gegeben ist. Damit würde diese ihres rein zufälligen Charakters entkleidet werden, der andernorts vermutet wurde [BOTTS und MORALES (1953), LAIDLER (1956)]. Weitaus zahlreicher dürften jedoch die Fälle sein, in denen $r_1$ zwar nicht exakt $= r'_1$ ist, in denen aber

$$k_1 \ll k_{-0} \quad \text{und} \quad k'_1 \ll k'_{-0},$$

so daß angenähert gilt

$$r_1 \approx r'_1 \approx 1. \tag{IV.2}$$

Beziehung (IV.2) bedeutet, daß die vier Zustandsformen des Enzyms in Schema (III.10) sich praktisch im thermodynamischen Gleichgewicht befinden. Wie schon erwähnt, lag diese Annahme auch den Ableitungen von MICHAELIS und MENTEN (1913) zugrunde. Sie ist darüber hinaus, wenn auch häufig unausgesprochen, die Grundannahme vieler theoretischer Untersuchungen zur Enzymkinetik.

Aus Gl. (III.22) erhalten wir mit (IV.2) [BOTTS und MORALES (1953), LAIDLER (1956)]

$$\frac{V_{\max}}{v} = \frac{1 + \mathscr{Y}' + (1+\mathscr{Y})\frac{r_1}{\mathscr{S}}}{1 + \frac{k_1'}{k_1}\mathscr{Y}'}. \quad (IV.3)$$

Hemmungen treten auf, wenn

$$\frac{k_1'}{k_1}\mathscr{Y}' \ll 1. \quad (IV.4)$$

Damit geht Gl. (IV.3) über in

$$\frac{V_{\max}}{v} = 1 + \mathscr{Y}' + (1+\mathscr{Y})\frac{r_1}{\mathscr{S}}. \quad (IV.5)$$

Vergleich zwischen Gl. (IV.5) und (III.26) ergibt für den Regelfall folgende Werte für die Parameter:

$$V_{\max} = k_1 E_0, \quad K_m = \frac{k_1 + k_{-0}}{k_0}, \quad K_y = \frac{k_{-y}}{k_y} \quad \text{und} \quad K_y' = \frac{k_{-y}'}{k_y'}.$$

Bei den folgenden Erörterungen werden jeweils nur Abweichungen der Konstanten in Gl. (III.26) von diesen Werten gesondert vermerkt werden.

Es hängt jetzt von der Größe $Q$ ab, welcher kinetische Typ sich ergibt.

**A.** $Q = 1$. Es handelt sich um einen Hemmungsmechanismus, bei dem das Verhältnis zwischen freiem und enzymgebundenem Substrat nicht durch Gegenwart des Inhibitors beeinflußt wird und vice versa. Die naheliegendste Erklärung für dieses Verhalten ist die Vorstellung, daß Substrat und Inhibitor an verschiedenen Gruppen des Fermentes gebunden werden, so daß sie sich nicht gegenseitig beeinflussen. Ein derartiger Mechanismus wurde zuerst von MICHAELIS u. Mitarb. (1914) theoretisch untersucht. Er wird im Gegensatz zu dem gleich zu besprechenden Hemmungsmechanismus als *nicht kompetitiv* bezeichnet [HALDANE (1930)].

Mit $k_1 \gg k_1'$ erhalten wir aus Gl. (IV.5) den Typ I:

$$\frac{V_{\max}}{v} = (1 + \mathscr{Y})\left(1 + \frac{r_1}{\mathscr{S}}\right). \quad (IV.6)$$

**B.** $Q \gg 1$. Bei diesem Hemmungsmechanismus ist das Verhältnis zwischen dem $EYS$- und dem $EY$-Komplex sowie zwischen dem $EYS$- und $ES$-Komplex jeweils zuungunsten des ersteren verschoben. Zur Erklärung dieser Erscheinung wird allgemein angenommen, daß Inhibitor und Substrat um die gleiche Bindungsstelle am Ferment konkurrieren. Deshalb wurde von MICHAELIS und MENTEN (1915) die Bezeichnung kompetitive Hemmung vorgeschlagen.

Wenn $k_1$ nicht $\ll k_1'$, erhalten wir aus Gl. (IV.5) den Typ II:

$$\frac{V_{\max}}{v} = 1 + (1 + \mathscr{Y})\frac{r_1}{\mathscr{S}}. \qquad (IV.7)$$

**C.** $Q \ll 1$. Jetzt ist das Verhältnis zwischen dem $EY$- und $EYS$-Komplex sowie zwischen $EY$ und $E$ zuungunsten des ersteren verschoben. Die klassische Erklärung besagt, daß der Inhibitor nur an den $ES$-Komplex gebunden werden kann. Der Hemmungsmechanismus wurde zuerst von R. KUHN (1923) formuliert und nach einem Vorschlag von D. BURK (1943/44) als *unkompetitive* Hemmung bezeichnet.

Mit $k_1 \gg k_1'$ folgt aus Gl. (IV.5) der Typ III:

$$\frac{V_{\max}}{v} = 1 + \mathscr{Y}' + \frac{r_1}{\mathscr{S}}. \qquad (IV.8)$$

Zusammenfassend läßt sich für den Fall $r_1 = r_1'$ und $k_1 \gg k_1'$ feststellen:

**1.** Es ergibt sich in jedem Falle eine lineare Funktion entsprechend der Gl. (II.5).

**2.** Durch die Größe $Q$ ist der Hemmungsmechanismus eindeutig bestimmt. Zwischen ihm und dem empirischen Typ der Reaktion besteht eine eindeutige Korrelation.

|   | Hemmungsmechanismus | Bedingung | kinetischer Typ |
|---|---|---|---|
| A | nicht kompetitiv | $Q = 1$ | I |
| B | kompetitiv | $Q \gg 1$ | II |
| C | unkompetitiv | $Q \ll 1$ | III |

In den folgenden Kapiteln wird sich zeigen, daß diese eindeutige Beziehung zwischen Mechanismus und empirischem Typ in den Fällen $r_1 \neq r_1'$ nicht mehr generell gegeben ist.

# V. Beziehungen zwischen den einzelnen Geschwindigkeitskonstanten

Wenn $r_1 \neq r_1'$, kann eine näherungsweise Angleichung der Gl. (III.21) an die lineare Form (III.26) dann eintreten, wenn zwischen einzelnen Konstanten der allgemeinen Gleichung solche Unterschiede in der Größenordnung bestehen, daß einige oder mehrere Glieder der Gleichung neben den anderen vernachlässigt werden können. Es muß also nach Extremwerten der Konstanten gesucht werden, die zu der erwarteten Vereinfachung führen. Hierbei müssen neben der Größe $Q$ auch die übrigen Parameter der Gl. (III.21) Beachtung finden. Unter dem Aspekt einer kinetischen Analyse bedeutet die Benutzung derartiger spezieller Werte die jeweilige Formulierung einer konkreten Wirkungsmöglichkeit des Effektors. Offenbar gehört zu jedem der drei Reaktionsmechanismen, die durch den Wert von $Q$ charakterisiert sind, eine Mannigfaltigkeit solcher Wirkungsmöglichkeiten, die sich durch das Verhältnis der Einzelkonstanten zueinander unterscheiden. Die klassischen molekularkinetischen Interpretationen der drei Hemmungstypen, die im vorigen Kapitel zitiert wurden, repräsentieren nur jeweils eine, allerdings naheliegende Deutungsmöglichkeit für das Auftreten der kinetischen Typen. Für die Erörterung der übrigen Reaktionsformen, die jeweils zum gleichen kinetischen Typ führen, ist es nützlich, zunächst grundsätzlich die Wirkungsmöglichkeit eines Effektors zu umreißen.

Formal läßt sich jede Einwirkung eines Effektors auf eine Fermentreaktion durch eine Änderung der jeweiligen Reaktionsgeschwindigkeit für einen oder mehrere Reaktionsschritte beschreiben, wobei diese Änderung quantitativ durch eine Änderung der entsprechenden Geschwindigkeitskonstanten ausgedrückt werden kann.

Vergleichen wir als Beispiel die Bindung des Substrates in Abwesenheit des Effektors

$$E + S \underset{k_{-0}}{\overset{k_0}{\rightleftarrows}} ES \tag{V.1}$$

mit der in seiner Gegenwart stattfindenden

$$EY + S \underset{k'_{-0}}{\overset{k'_0}{\rightleftarrows}} EYS, \tag{V.2}$$

16 Beziehungen zwischen den einzelnen Geschwindigkeitskonstanten

so kann durch die Effektorbindung trotz Änderung der einzelnen Geschwindigkeitskonstanten ihr Quotient

$$\frac{k'_{-0}}{k'_0}$$

in Gl. (V.2) mit dem in Gl. (V.1) $(k_{-0}/k_0)$ identisch $(Q=1)$ oder aber verschoben sein $(Q \neq 1)$. Dies soll anhand des Schemas, wie es im letzten Kapitel dargestellt wurde, näher untersucht werden.

**A.** $Q=1$. Nach der klassischen Deutung der nicht kompetitiven Effektorwirkung reagieren Substrat und Effektor unabhängig voneinander mit dem Ferment. Die einzelnen Geschwindigkeitskonstanten werden nicht verändert, d.h. $r_0 = 1, r_y = 1$. Wir wollen diesen Fall als einen nicht kompetitiven Wirkungsmechanismus im engeren Sinne bezeichnen.

Darüber hinaus lassen sich aber Reaktionsweisen formulieren, bei denen z.B. $r_0 \neq 1$. In diesem Fall bewirkt der Effektor entweder eine katalytische Beschleunigung der Substratbindung $(r_0 > 1)$, oder er verhindert eine in seiner Abwesenheit mögliche Katalyse $(r_0 < 1)$. Es ist nun zu prüfen, wie groß der Realitätsgehalt dieser zunächst nur formalen Annahme ist.

Wir müssen für eine Reihe von $ES$-Komplexen annehmen, daß bei ihnen eine echte Kovalenz-Bindung zwischen Enzym und Substrat besteht. In diesen Fällen ist es unwahrscheinlich, daß die Knüpfung dieser Bindung bereits in der ersten Reaktion erfolgt, die sich zwischen $E$ und $S$ vollzieht. Vielmehr bestehen triftige Gründe [RACKER (1954), GUTFREUND (1955)] für die Annahme, daß als erste Reaktion eine auf physikalischen Kräften (z.B. elektrostatischer Natur) beruhende Anlagerung des Substrates an die Enzymoberfläche und erst danach die eigentliche chemische Reaktion mit der Bildung von $ES$ stattfindet. Wir müssen also einen Zwischenkomplex annehmen:

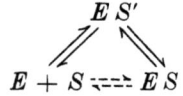

Die Reaktion über $ES'$ verlaufe schneller als die direkte Bildung von $ES$. $ES'$ ist also als ein aktivierter Komplex anzusehen. Seine Konzentration sei neben der der anderen Komplexe zu vernachlässigen.

Wenn nun ein $ES'$ entsprechender Komplex $EYS'$ nicht möglich ist, wird in Gegenwart des Effektors nur die langsame Reaktion

$$EY + S \rightleftharpoons EYS$$

ablaufen können ($r_0 \ll 1$).

Umgekehrt, wenn nur in Gegenwart des Effektors sich der aktivierte Komplex bilden kann:

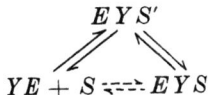

wird in seiner Abwesenheit die Substratbindung langsamer verlaufen ($r_0 \gg 1$).

Zur Veranschaulichung dieser Verhältnisse sei als Beispiel angenommen, daß die erste Reaktion zwischen Enzym und Substrat sich zwischen einer geladenen Gruppe des Enzyms und einer entgegengesetzt geladenen Gruppe des Substrates abspielt.

Wenn diese Gruppe des Substrates positiv geladen ist, müßte ihr eine negative Gruppe des Enzyms entsprechen. Handelt es sich dabei um eine schwache Säuregruppe, dann würden $H^+$-Ionen als Effektoren wirken, und zwar wäre $r_0 \ll 1$[1].

Wenn umgekehrt eine schwache positive Gruppe, z.B. $-NH_3^+$, erst die Bildung des Zwischenkomplexes ermöglichte, wäre $r_0 \gg 1$.

Entsprechende Überlegungen gelten für die Beeinflussung der Bindung des Effektors durch Substratgegenwart. Hierbei ist zu beachten, daß wegen Gl. (III.19) mit $Q$ nicht nur das Verhältnis $\mathscr{S}/\mathscr{S}'$, sondern auch $\mathscr{Y}/\mathscr{Y}'$ festgelegt ist.

Eine doppelseitige Wechselwirkung derart, daß in zwei unabhängigen Reaktionen einerseits der Effektor auf die Substratbindung und andererseits das Substrat auf die Effektorbindung katalytisch wirke, d.h. daß gleichzeitig $r_0$ und $r_y$ von 1 verschieden sind, hat nur einen geringen Wahrscheinlichkeitsgrad, so daß

---

[1] Eine detaillierte Analyse des Falles $r_0 \ll 1$ findet sich bei LAIDLER (1956). Als Erklärung für die Tatsache, daß jetzt $S$ langsamer mit $EY$ reagiert als mit $E$, bei gleichzeitig unveränderten Dissoziationskonstanten für $ES$ und $EYS$ ($Q=1$), nimmt er eine sterische Blockierung an. Bei kleinen Effektoren (z.B. $H^+$-Ionen) wird solch eine sterische Blockierung für sehr unwahrscheinlich gehalten.

von der systematischen Berücksichtigung solcher Fälle hier abgesehen werden soll.

**B.** $Q \gg 1$. Der üblichen Auffassung von der kompetitiven Effektorwirkung als einer gegenseitigen Behinderung bei der Bindung zwischen Substrat und Effektor entspricht die Formulierung: $r_0 = 1$ und $r_y = 1$.

Es ist jedoch zu bedenken, daß die sterische Behinderung nur eine der möglichen Formen einer gegenseitigen Beeinflussung zwischen Inhibitor und Substrat bei der Bindung an das Ferment darstellt. Eine andere Möglichkeit wäre z.B. eine elektrostatische Wechselwirkung, wie sie in der wechselseitigen Abhängigkeit der Dissoziationskonstanten der Carboxylgruppe und der Aminogruppe einer α-Aminosäure zum Ausdruck kommt. Schließlich ist es nach den obigen Ausführungen durchaus möglich, daß die *Bildung* des ternären Komplexes überhaupt nicht beschränkt ist, daß der Komplex aber instabil ist, d.h. daß sein Zerfall begünstigt ist ($r_0 \gg 1$).

Bei diesen beiden letzten Beispielen wären die Bindungsorte für Substrat und für Inhibitor nicht identisch. Dies mahnt zur Vorsicht bei dem Versuch, aus der Spezifität eines kompetitiven Inhibitors Schlüsse auf die Konfiguration am substratbindenden Ort des Fermentes ziehen zu wollen.

Wieder gelten entsprechende Überlegungen für die Bindung von $Y$.

**C.** $Q \ll 1$. Bei einer unkompetitiven Effektorwirkung im engeren Sinne ist die Bindung des Effektors an das freie Enzym erschwert, d.h. $r_0 \ll 1$ und $r_y = 1$.

Aus analogen Überlegungen wie unter B folgt, daß auch Reaktionen mit $r_0 = 1$ oder mit $r_y \ll 1$ berücksichtigt werden müssen.

Somit sollen bei der Untersuchung der einzelnen Hemmungsmechanismen folgende Werte für die bisher besprochenen Konstanten herangezogen werden:

**A.** $Q = 1$. Nichtkompetitive Hemmung.

$r_0 = 1, r_y = 1$. Nicht-kompetitive Hemmung im engeren Sinne.

$r_0 = 1$, $r_y$ entweder $\ll 1$ oder $\gg 1$.

$r_0$ entweder $\ll 1$ oder $\gg 1$, $r_y = 1$.

**B.** $Q \gg 1$. Kompetitive Hemmung.
$r_0 = 1$, $r_y = 1$. Kompetitive Hemmung im engeren Sinne.
Entweder $r_0$ oder $r_y$ oder beide Konstanten $\gg 1$.
**C.** $Q \ll 1$. Unkompetitive Hemmung.
$r_0 \ll 1$, $r_y = 1$. Unkompetitive Hemmung im engeren Sinne.
Entweder $r_0$ oder $r_y$ oder beide Konstanten $\ll 1$.

Abschließend muß noch auf die möglichen Werte für die übrigen drei Parameter der Gl. (III.21) $\bar{r}$, $r_1$ und $r_1'$ eingegangen werden.

Die Konstante $\bar{r}$ stellt die Beziehung zwischen der Geschwindigkeit der Reaktion von Ferment und Substrat einerseits und Ferment und Effektor andererseits her, indem diese Größe das Verhältnis der Geschwindigkeitskonstanten für die Abspaltung des Substrats und des Effektors aus dem ternären Komplex $EYS$ angibt.

Über die Größenordnung von $\bar{r}$ sind bei dem heutigen Stand der Kenntnisse im allgemeinen nur Abschätzungen möglich. So wird man dann, wenn $K_m$ und $K_y$ bzw. $K_y'$ von gleicher Größenordnung sind und wenn es sich bei $S$ und $Y$ um etwa gleich große Moleküle handelt, annehmen können, daß auch $\bar{r}$ einen endlichen Wert besitzt. Handelt es sich dagegen bei der einen Substanz (z.B. bei den Effektoren) um kleinere und einfachere Gebilde (Protonen, Metallionen), wird man bei gleicher Größenordnung der Bindungskonstanten annehmen können, daß $\bar{r} \gg 1$. Speziell hinsichtlich der Wirkung von $H^+$-Ionen werden entsprechende Annahmen in der Regel gemacht [z.B. bei LAIDLER (1955)]. Umgekehrt könnte dann, wenn die Bindungskonstante für den Effektor um Größenordnungen kleiner ist als die für das Substrat, bei gleicher Größe der beiden Moleküle die Annahme $\bar{r} \ll 1$ berechtigt sein. Beispiele hierfür bieten die Hemmwirkung von Thiamin auf die saure Hefephosphatase ($K_m = 3 \cdot 10^{-3}$m, $K_y$ für Thiamin $= 1 \cdot 10^{-6}$m) [OHLENBUSCH (1959)] oder die Sulfonamidhemmung der Carboanhydratase ($K_y$ für Diamox $= 1,4 \cdot 10^{-9}$m) [KELLER (1959)].

Daß als Folge der Effektorwirkung $k_1$ von $k_1'$ verschieden sein kann, braucht nicht näher erläutert zu werden. In der Regel wird damit auch $r_1$ verschieden von $r_1'$ sein. Jedoch muß auch mit der Möglichkeit gerechnet werden, daß in den Fällen, in denen

$r_0 \neq 1$, nicht nur die Bildung des $ES$-Komplexes, sondern auch seine Spaltung in $E$ und $P$ durch die gleiche Gruppe beeinflußt wird.

$$E + S \rightleftarrows \begin{array}{c} ES' \\ \updownarrow \\ ES \end{array} \dashrightarrow E + P$$

Wenn erstens $ES'$ sich in Gegenwart von $Y$ nicht bilden kann ($r_0 \ll 1$) und zweitens $ES \gg ES'$, braucht das Verhältnis $k_1'/k_{-0}'$ nicht verändert zu sein gegenüber dem Verhältnis $k_1/k_{-0}$, d.h. es würde sich ergeben: $r_1 = r_1'$, obwohl $k_1 \gg k_1'$. In Kapitel IV wurde auf diese Möglichkeit bereits hingewiesen.

Im übrigen hängt es wesentlich von der Größenordnung von $r_1$ und $r_1'$ und dem Verhältnis dieser beiden Konstanten zueinander ab, welcher kinetische Typ sich jeweils aus Gl. (III.21) ergibt. Die in den folgenden Kapiteln aufgeführten Einzelbeispiele sollen deshalb unter diesem Gesichtspunkt geordnet werden.

## VI. Die Geschwindigkeitsgleichung für $|r_1 - r_1'|$ endlich

Aus Gl. (III.21) ist ersichtlich, daß bei endlichen Werten von $r_1$ und $r_1'$ jeder der Einzelbrüche einen endlichen Wert behält. In diesem Falle ist es zulässig, von der übersichtlicheren Formulierung in Gl. (III.22) Gebrauch zu machen. Weder $\mathscr{P}$ noch $\mathscr{P}'$ in dieser Gleichung können $\gg 1$ werden, solange $r_1$ und $r_1'$ endlich sind. Damit ist aus einem Vergleich von Gl. (III.22) mit (IV.3) zu entnehmen, daß immer dann, wenn sich aus (III.22) eine lineare Funktion im Sinne der Gl. (III.26) ergibt, der kinetische Typ durch das Verhältnis $\mathscr{Y}/\mathscr{Y}'$, d.h. durch die Größe von $Q$ eindeutig festgelegt ist.

Wenn $|\mathscr{P}'|$ nicht $\gg 1$, bildet Gl. (IV.4) wiederum die hinreichende und notwendige Bedingung für das Auftreten einer Hemmung. Damit resultiert aus Gl. (III.22):

$$\frac{V_{\max}}{v} = 1 + \mathscr{Y}' + (1 + \mathscr{Y})\frac{r_1}{\mathscr{S}} + \mathscr{P}. \qquad (VI.1)$$

Folgende Bedingungen sind hinreichend, um Gl. (VI.1) in einen der drei kinetischen Typen zu überführen.

**A.** $Q = 1$. (Nichtkompetitiver Mechanismus.) Mit $k_1 \gg k_1'$ ergibt sich der Typ I, wenn $r_y = 1$ und außerdem:

1. $r_0 \ll 1$. $\bar{r}$ ist dann beliebig
oder
2. $r_0 = 1$ und $\bar{r} \ll r_1$
oder schließlich
3. $r_0 \gg r_1$ und $\bar{r}\, r_0 \gg r_1$.

Im Fall 3 ist $K_m = k_{-0}/k_0$ und damit verschieden von der Michaelis-Konstanten $\dfrac{k_{-0}+k_1}{k_0}$, die in Abwesenheit des Inhibitors gefunden wird. Das bedeutet, daß sich Typ I bei der graphischen Auswertung nur dann ergibt, wenn Serien mit variierter Substratkonzentration verglichen werden, die jeweils mit verschiedenen Inhibitorkonzentrationen gewonnen wurden. Dagegen würde der Vergleich zwischen einer Serie mit Inhibitor und einer solchen ohne Inhibitor sowohl eine Verschiedenheit von $K'_m$ und $K_m$ wie von $V'_{\max}$ und $V_{\max}$, also keinen der hier definierten kinetischen Typen ergeben.

**B.** $Q \gg 1$. (Kompetitiver Mechanismus.) Mit $k_1$ nicht $\ll k'_1$ ergibt sich ein Typ II, wenn
entweder
1. $\bar{r} \gg r_1$
und
   a) $r_0 = 1$ ($r_y$ ist dann beliebig)
   oder
   b) $r_0 \gg 1$ (auch hier ist $r_y$ beliebig)
oder aber
2. $\bar{r}$ nicht $\gg 1$, $\bar{r}\, r_0$ nicht $\gg 1$ und $r_y = 1$.

Im Falle B 1 b ist
$$K_y = \frac{k_{-y}}{k_y} r_1 = \frac{k_{-y}}{k_y} \cdot \frac{k_{-0}+k_1}{k_{-0}}.$$

Das heißt, daß hier die Bindung des Inhibitors von $k_1$ und $k_{-0}$ und damit im allgemeinen von der Art des benutzten Substrates abhängig ist.

**C.** $Q \ll 1$. (Unkompetitiver Mechanismus.) Mit $k_1 \gg k'_1$ erhält man den Typ III, wenn
entweder
1. $r_y = 1$ und $\bar{r}\, r_0$ nicht $\gg r_1$

oder

2. $r_y \ll 1$, $r_0 \ll 1$ und $\bar{r} \gg r_1$.

Um die reaktionskinetische Bedeutung der gerade formulierten Bedingungen zu verdeutlichen, sind die wahrscheinlichsten der jeweils sich ergebenden Abwandlungen des Ausgangsschemas (III.10) in Abb. 4 graphisch dargestellt worden. Hierbei wird vorausgesetzt, daß $[S]$ in der Größenordnung von $K_m$ und $[Y]$ in der Größenordnung der Bindungskonstanten für den Inhibitor vorliegt. Die relative Geschwindigkeit der einzelnen Reaktionsschritte wird durch die Stärke der Zeichnung angedeutet in der Reihenfolge:

$$\cdots\cdots\rightarrow \ll \text{-----}\rightarrow \ll \longrightarrow \ll \longrightarrow$$

Es bedeuten z. B. Abb. A 1α, B 1 a α, C 2

und
$$k'_0[S][EY] \ll k_0[S][E], \qquad k'_{-0}[EYS] \ll k_{-0}[ES]$$

$$k'_1[EYS] \ll k_1[ES],$$

während zwischen den übrigen Reaktionsgeschwindigkeiten keine Unterschiede der Größenordnung bestehen. Diese Bedingungen ergeben sich aus folgenden Verhältnissen der Einzelkonstanten.

**A.** Wenn $Q = 1$, $r_0 \ll 1$, $r_y = 1$, $\bar{r} \gg 1$.
**B.** Wenn $Q \gg 1$, $r_0 = 1$, $r_y \gg 1$, $\bar{r} \gg 1$.
**C.** Wenn $Q \ll 1$, $r_0 \ll 1$, $r_y \ll 1$, $\bar{r} \gg 1$.

Einsetzung dieser Bedingungen in die Gl. (III.12) führt unter Berücksichtigung von Gln. (III.11) und (III.14) zu

$$\frac{[E] \cdot \mathscr{Y}}{[EY]} = 1 \qquad \frac{[ES] \cdot \mathscr{Y}'}{[EYS]} = 1 \qquad \frac{[E] \cdot \mathscr{S}}{[ES]} = r_1. \qquad \text{(VI.2)}$$

Aus den Gln. (III.13) und (III.18) erhalten wir direkt die Gl. (IV.3). Es herrscht also auch in diesem Falle ein Quasi-Gleichgewicht zwischen den einzelnen Formen des Enyzms. Auch die übrigen Beispiele in Abb. 4 zeigen, daß jeweils eine Unterbrechung des cyclischen Reaktionsschemas (III.10) vorliegt, wenn sich die Gl. (III.21) auf lineare Beziehungen zurückführen läßt.

Der Inhalt dieses Kapitels läßt sich folgendermaßen zusammenfassen:

**1.** Es liegt nur unter bestimmten, im einzelnen aufgeführten Voraussetzungen eine lineare Funktion entsprechend der Gl. (III.26) vor.

**2.** Wenn sich jedoch eine solche lineare Funktion ergibt, besteht zwischen dem Hemmungsmechanismus, ausgedrückt durch

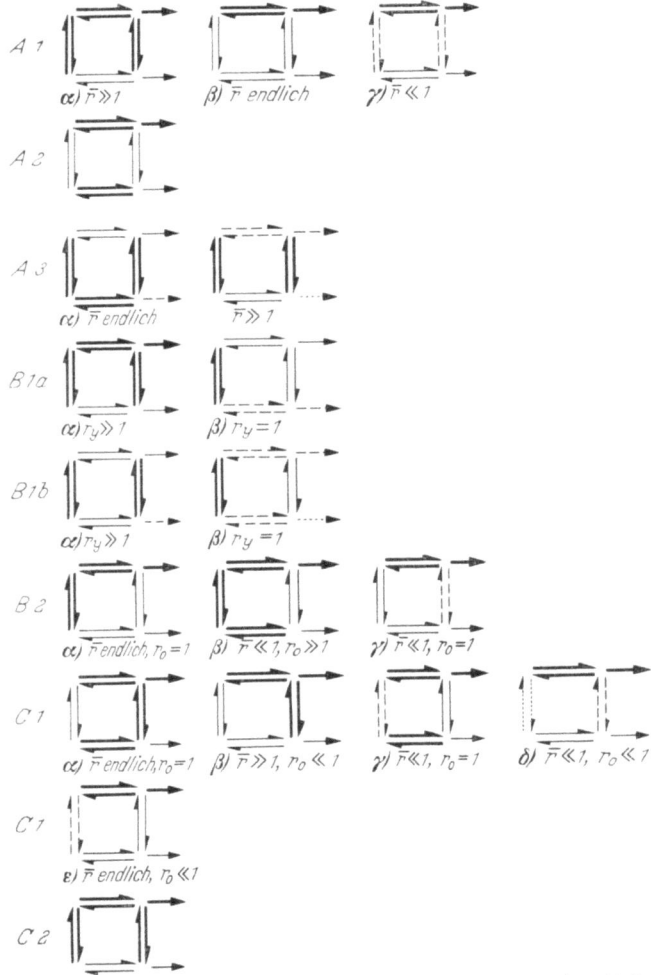

Abb. 4. Abwandlungen des Reaktionsschemas (III.10) für $r_1$ nicht $\gg 1$, $r_1'$ nicht $\gg 1$ (Kapitel VI)

die Größe $Q$, und dem empirischen Typ eine eindeutige Korrelation.

Die Geschwindigkeitsgleichung für $r_1 \gg 1$, jedoch $r_1'$ nicht $\gg 1$

Die beiden folgenden Kapitel werden zeigen, daß auch die zweite Feststellung nicht mehr zutrifft, wenn $r_1$ oder $r_1' \gg 1$.

## VII. Die Geschwindigkeitsgleichung für $r_1 \gg 1$, jedoch $r_1'$ nicht $\gg 1$

Wenn $r_1 \gg 1$, können eine oder mehrere der Glieder in Gl. (III.21) $\gg 1$ werden. Aus diesem Grunde kann Verwendung von Gl. (III.22) dann zu Fehlschlüssen führen, wenn in den Differenzen zwei

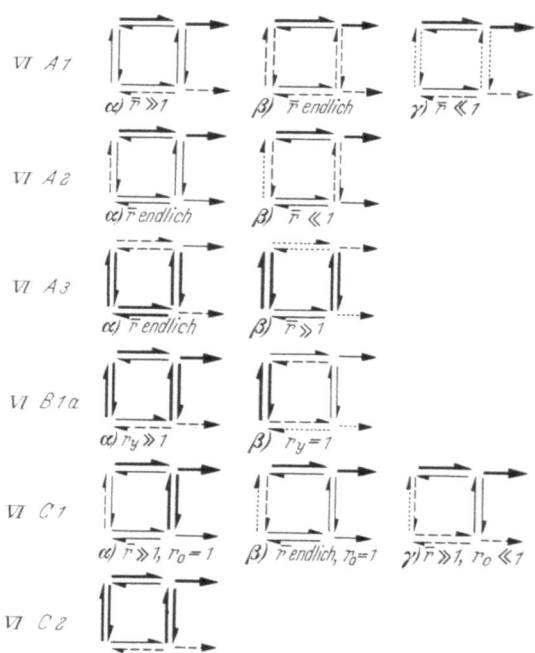

Abb. 5. Die Reaktionsschemata des Kapitels VI für $r_1 \gg 1$, $r_1'$ nicht $\gg 1$

Größen auftreten, die beide um Größenordnungen größer als die übrigen Glieder der Gleichung sind. Deshalb ist es zweckmäßiger, von Gl. (III.21) selbst auszugehen.

Die Bedingung $r_1' \ll r_1$ ist ausreichend, um in den folgenden Beispielen zu einer eindeutigen Hemmung zu führen.

Die im Kapitel VI aufgeführten Beispiele gelten mit gleichem Resultat größtenteils auch dann, wenn $r_1 \gg 1$ (Abb. 5). Lediglich

Die Geschwindigkeitsgleichung für $r_1 \gg 1$, jedoch $r_1'$ nicht $\gg 1$

VI B 1b geht nur im Falle $r_1$ nicht $\gg 1$ in die lineare Form Gl. (III.26) über. Für die Bedingung VI B 2 muß neben $r_1 \gg 1$ auch gleichzeitig gelten $r_1' \gg 1$ und $r_0 = 1$, damit es zu der angegebenen Vereinfachung kommt (s. Kap. VIII).

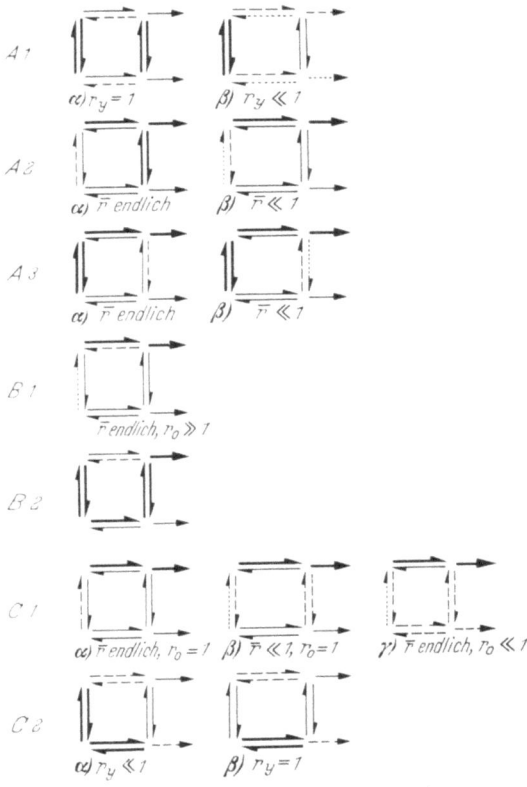

Abb. 6. Reaktionsschemata, bei denen unter der Bedingung $r_1 \gg 1$, $r_1'$ nicht $\gg 1$ der kinetische Typ von den Erwartungen abweicht (Kapitel VII)

Darüber hinaus existieren jedoch jetzt eine Reihe von Kombinationen der Einzelkonstanten, die zwar auch zur linearen Gleichung der Form (III.26) führen, wobei jedoch der kinetische Typ nicht mehr mit dem durch $Q$ ausgedrückten Reaktionsmechanismus übereinstimmt. Sie sollen im folgenden aufgeführt werden (Abb. 6).

**A.** $Q=1$. (Nichtkompetitiver Hemmungsmechanismus.) Wenn zusätzlich gilt: $r_0 = 1$, führen folgende Bedingungen zu einem kinetischen Typ III, d.h. also zu einer scheinbar unkompetitiven Hemmung.

**1.** $r_1 \ll \bar{r}$ und $r_y r_1 \ll \bar{r}$. Vergleich mit VI A 2 zeigt, daß im Falle $r_y = 1$ lediglich das Verhältnis von $\bar{r}$ zu $r_1$ darüber entscheidet, welcher empirische Typ bei gleichem Hemmungsmechanismus resultiert. So ist es also möglich, daß das gleiche Ferment bei dem gleichen Substrat, aber verschiedenen Inhibitoren, oder umgekehrt bei gleichem Inhibitor und verschiedenem Substrat scheinbar den Hemmungstyp wechselt.

**2.** $r_1$ nicht $\ll \bar{r}$ und $r_y \gg 1$.

**3.** $r_1 \gg \bar{r}$ und $r_y r_1 \ll 1$.

Hier ist

$$K'_y = \frac{r'_1 + \bar{r}}{r_1} \cdot \frac{k'_{-y}}{k'_y} = \frac{k'_{-0} + k'_{-y} + k'_1}{k_1} \cdot \frac{k'_{-y}}{k'_y}.$$

Die Bindungskonstante für den Inhibitor enthält Größen, die von der Art des Substrates abhängig sind, so daß bei verschiedenen Substraten und gleichem Inhibitor scheinbar verschiedene Hemmungskonstanten gefunden werden.

**B.** $Q \gg 1$. (Kompetitiver Hemmungsmechanismus.) Wenn $r_1 \gg Q$, erhält man für den Fall, daß

**1.** $r_y \gg 1$ und $\bar{r}$ nicht $\gg 1$ ($r_0$ beliebig), den kinetischen Typ I, also eine scheinbar nichtkompetitive Hemmung mit $K_y = k'_{-y}/k'_y$.

**2.** Wenn dagegen $r_y = 1$, $r_0 \gg 1$, $\bar{r} \gg 1$, jedoch $\bar{r} \ll r_1$, bekommt man den kinetischen Typ III, also eine scheinbar unkompetitive Hemmung. Die Parameter der kinetischen Gleichung zeigen in diesem Falle starke Abweichungen von dem üblichen Bild.

$$V_{\max} = \frac{k_1 \cdot k_{-y}}{k_1 + k_{-y}} E_0, \qquad K_m = \frac{k_1 \cdot k_{-y}}{k_0 (k_1 + k_{-y})} \quad \text{und} \quad K'_y = \frac{k_1 + k_{-y}}{k'_y}.$$

Obwohl $V_{\max}$ und $K_m$ jetzt verschieden von den entsprechenden Werten in Abwesenheit des Inhibitors gefunden werden, sind sie um den gleichen Faktor verändert, so daß das Bild der scheinbar unkompetitiven Hemmung hierdurch noch verstärkt wird.

Abgesehen von dem Verhältnis von $r_1$ zu $\bar{r}$ entspricht der Fall VI B 1a für $r_y \gg 1$ dem Fall VII B 1 mit $r_0 = 1$. Andererseits kann der Fall VI B 1b für $r_y = 1$ mit VII B 2 verglichen werden Es ist also wiederum nur von dem Verhältnis $\bar{r}$ zu $r_1$ abhängig, welcher Hemmungstyp vorzuliegen scheint.

Ein kompetitiver Hemmungsmechanismus kann demzufolge unter bestimmten Voraussetzungen in jeder der empirischen kinetischen Formen auftreten.

**C.** $Q \ll 1$. (Unkompetitiver Hemmungsmechanismus.) Hier kann das Bild einer scheinbar nichtkompetitiven Hemmung, also der Typ I, entstehen, wenn

**1.** $r_1 \gg \bar{r}$ und $r_y \ll 1$ ($r_0$ beliebig). Mit $K_y = K'_y = k'_{-y}/k'_y$.
Vergleich mit VI C 2 zeigt, daß im Falle $r_0 \ll 1$ wiederum das Verhältnis zwischen $\bar{r}$ und $r_1$ über den scheinbaren kinetischen Typ entscheidet.

**2.** $\bar{r} \ll 1$, $r_0 = 1$ und $k'_1 \ll k'_{-y}$ ($r_y$ beliebig). Mit $V_{max} = k'_{-y} E_0$, $K_m = k'_{-0}/k'_0$ und $K_y = k_1/k'_y$.

Die Bedingungen für VII C 2 sind für den Fall $r_y \ll 1$ in VII C 1 enthalten. Es hängt also jeweils von dem Konzentrationsbereich an [$S$] und [$Y$] ab, welche Bindungskonstanten für $S$ und $Y$ unter sonst identischen Reaktionsbedingungen ermittelt werden.

Darüber hinaus sind die Bedingungen VII C 2 für den Fall $r_y = 1$ in VI C 1 enthalten. Das bedeutet, daß allein durch Veränderung des Konzentrationsbereiches von $S$ und $Y$, in dem die Versuche durchgeführt werden, eine scheinbare Änderung des Hemmungstyps erzielt werden kann.

Hierbei ist es durchaus möglich, daß wegen der Größenunterschiede der einzelnen Reaktionskonstanten eine Abweichung von der Geraden nach LINEWEAVER-BURK sich praktisch nicht bemerkbar macht. Irrtümliche Interpretationen der eben dargestellten Art können besonders leicht dann auftreten, wenn Ergebnisse verglichen werden, die mit verschiedenen Methoden mit unterschiedlicher Empfindlichkeit und dadurch bedingtem unterschiedlichem Konzentrationsbereich gewonnen wurden.

Im übrigen begründen solche Überlegungen die Forderung, enzymkinetische Untersuchungen nicht, wie häufig üblich, auf einen engen Variationsbereich für $S$ und $Y$ zu begrenzen, sondern den Bereich so groß zu wählen, wie es die experimentellen Bedingungen nur irgend zulassen.

## VIII. Die Geschwindigkeitsgleichung für $r_1' \gg 1$

In diesem Falle treten Hemmungen auf, wenn

$$r_0 \mathscr{Y}' \ll 1, \qquad (VIII.1)$$

und $k_1$ nicht $\ll k_{-0}$.

Wenn $r_1$ nicht $\gg 1$ und außerdem $r_1' \gg r_y \mathscr{S}'$ und $r_1' \gg \bar{r}$, vereinfacht sich Gl. (III.21) zu

$$\frac{V_{\max}}{v} = 1 + \frac{r_1}{\mathscr{S}} + (r_y \mathscr{S}' + r_1)\frac{\mathscr{Y}}{\mathscr{S}}. \qquad (VIII.2)$$

**A.** $Q=1$. (Nichtkompetitiver Hemmungsmechanismus.) Wegen Gl. (VIII.1) muß gelten $r_0 \ll 1$. Wir erhalten:

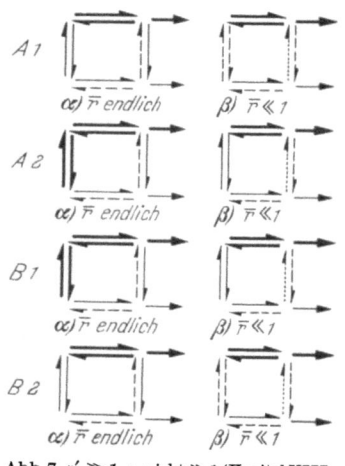

Abb. 7. $r_1' \gg 1$, $r_1$ nicht $\gg 1$ (Kapitel VIII, erster Teil)

1. Für $r_y = 1$ in regulärer Weise den Typ I. Dieser Fall entspricht dem in Kapitel VI unter A 1 dargestellten. Die dort angegebenen Bedingungen gelten demnach für alle Werte von $r_1'$.

2. Für $r_y \ll 1$ dagegen bekommen wir Typ II. Allerdings ist, wie in Kapitel IV erläutert, diese gleichzeitige Änderung von $r_y$ und $r_0$ sehr unwahrscheinlich, solange $Q=1$.

**B.** $Q \gg 1$. (Kompetitiver Hemmungsmechanismus.) Wegen (VIII.1) ist dann $r_0 = 1$. Es ergibt sich:

1. Für $r_y = 1$, wie zu erwarten, Typ II. Entsprechende Bedingungen finden sich unter VI B 2. Wiederum gelten sie demnach für alle Werte von $r_1'$.

2. Dagegen resultiert mit $r_y \gg 1$ ein Typ I.

Wenn jedoch $r_1$ und $r_1'$ von gleicher Größenordnung sind, erhält man mit

**A'.** $Q=1$, $r_y=1$, $r_0 \ll 1$ und $\bar{r}$ beliebig den Typ I (identisch mit VI A 1 und VIII A 1).

**B'.** $Q \gg 1$, $r_y=1$, $r_0=1$ und $\bar{r}$ beliebig den Typ II. Kompetitive Hemmung im engeren Sinne (s. VI B 2).

C'. $Q \ll 1$, $r_y = 1$, $r_0 \ll 1$ und $\bar{r}$ beliebig den Typ III. Unkompetitive Hemmung im engeren Sinne (s. VI C 1) (Abb. 8). Darüber hinaus genügt neben Gl. (VIII.1) die zusätzliche Bedingung $\bar{r} \gg r_1$, um für einen gegebenen Wert von $Q$ den zugehörigen kinetischen Typ zu bewirken.

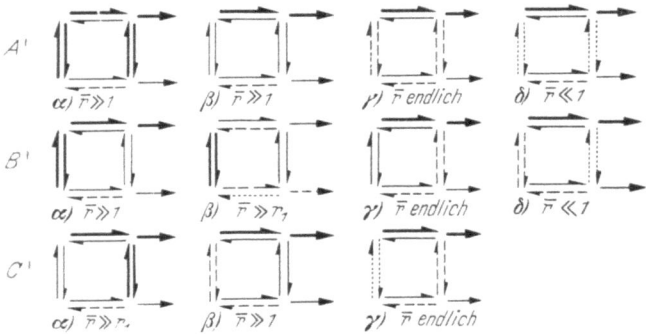

Abb. 8. $r_1' \gg 1$ und $r_1 \gg 1$ (Kapitel VIII, zweiter Teil)

## IX. Zusammenfassende Schlußbetrachtung

Im Mittelpunkt der Enzymkinetik steht die Gleichung von MICHAELIS (III.8), deren Kern die inzwischen in mehreren Fällen bewiesene Annahme ist, daß bei der enzymatischen Katalyse intermediär eine Vereinigung zwischen Enzym und Substrat stattfindet. Obwohl die Voraussetzungen, unter denen MICHAELIS seine Gleichung entwickelte, nach unseren heutigen Auffassungen als zu eng angesehen werden müssen, wird die formale Gültigkeit dieser Beziehung experimentell immer wieder bestätigt. Wir fragten uns nach den Gründen für diese Erscheinung.

Wie bereits von HEARON (1952) nachgewiesen wurde, besteht im stationären Zustand und in Abwesenheit eines Effektors auch bei Vorliegen mehrerer Enzymsubstratkomplexe die formale Michaelis-Gleichung exakt zu Recht, wenn auch mit veränderter Bedeutung ihrer Parameter.

Dagegen resultiert bei Anwesenheit eines Effektors für den allgemeinen Fall eine komplizierte Funktion, die ohne zusätzliche Annahmen nicht mehr auf die einfache Form der Gl. (III.26) zurückgeführt werden kann. Wir versuchten daher, diese Annahmen, die für die Reduktion der allgemeinen Gleichung auf die experimentell in der Regel gefundenen Typen notwendig sind, zu bestimmen.

Hierbei wurde das einfachste formulierbare Modell benutzt, das zwei $ES$-Komplexe vorsieht, einen mit und einen ohne Effektor (III.10). Das Modell wird durch eine Beziehung beschrieben, die nach entsprechender Transformation der Ausgangsgrößen durch sechs unabhängige Parameter und drei Variable bestimmt wird (III.21). Die Bedeutung dieser Parameter ist der Zusammenstellung Gl. (III.16) zu entnehmen.

Nach Gl. (III.21) werden die klassischen drei Mechanismen einer Effektorwirkung durch die Größe $Q$ (III.15) ausgedrückt:

1. $Q = 1$ nichtkompetitiver Mechanismus,
2. $Q \gg 1$ kompetitiver Mechanismus,
3. $Q \ll 1$ unkompetitiver Mechanismus.

Jedoch sind mit $Q$ die möglichen Mechanismen noch nicht eindeutig umschrieben, da noch zusätzlich die Werte der anderen Parameter berücksichtigt werden müssen. Es werden deshalb die möglichen Änderungen der anderen Konstanten und der jeweils zugrunde liegende Mechanismus besprochen (Kapitel V) und z. B. gefunden, daß ein nichtkompetitiver Mechanismus eine gleichartige Änderung beider an einer Reaktion beteiligten gegenläufigen Konstanten nicht ausschließt.

In der daran anschließenden Darstellung haben wir uns zur Vereinfachung nur auf Hemmungen bezogen.

Den drei Hemmungsmechanismen sollen nach den üblichen Vorstellungen drei Typen des kinetischen Erscheinungsbildes entsprechen:

ad 1. Typ I, $V'_{max}$ in Inhibitorgegenwart verkleinert, $K_m$ konstant.

ad 2. Typ II, $V_{max}$ unverändert, $K'_m$ vergrößert.

ad 3. Typ III, $V'_{max}$ und $K'_m$ verkleinert, jedoch der Quotient dieser beiden Größen konstant.

Es hängt im wesentlichen von den Werten der Parameter $r_1$ und $r'_1$ ab, inwieweit diese bisherigen Anschauungen über die Kopplung von Mechanismus und Typ aufrechterhalten werden können.

## Zusammenfassende Schlußbetrachtung

1. $\frac{(r_1 - r_1')^2}{r_1 r_1'} \ll 1$ Kapitel IV). Die einzelnen Zustandsformen des Fermentes befinden sich praktisch im thermodynamischen Gleichgewicht. Die Michaelis-Konstante ist mit der thermodynamischen Dissoziationskonstante des $ES$-Komplexes identisch. Die von der klassischen Theorie geforderte Beziehung zwischen Mechanismus und Erscheinungstyp der Hemmung ist eindeutig.

Wenn $r_1 \neq r_1'$, geht die allgemeine Gl. (III.21) nur unter bestimmten Voraussetzungen in die erweiterte Michaelis-Gleichung (III.26) über. Eine notwendige Voraussetzung dafür ist, daß das cyclische Reaktionsschema (III.10) dadurch unterbrochen wird, daß die Geschwindigkeit, mit der mindestens zwei gegenläufige Einzelreaktionen ablaufen, um eine Größenordnung kleiner als die der anderen Reaktionen ist.

2. $\frac{(r_1 - r_1')^2}{r_1 r_1'}$ endlich (Kapitel VI, letzter Abschnitt des Kapitels VIII). Wenn auf Grund der Werte der Einzelkonstanten Gl. (III.21) in die Gl. (III.26) übergegangen ist, ist wiederum die erwartete Beziehung zwischen Mechanismus und empirischem Typ eindeutig gegeben.

3. $\frac{(r_1 - r_1')^2}{r_1 r_1'} \gg 1$ (Kapitel VII und VIII). Auch wenn infolge von Nebenbedingungen Gl. (III.21) in die Gl. (III.26) übergegangen ist, besteht in diesem Fall keine eindeutige Abhängigkeit des Erscheinungstyps vom Mechanismus: Bei nicht kompetitiver Hemmung findet man neben Typ I auch Typ III und in einem allerdings wenig wahrscheinlichen Fall Typ II. Bei kompetitiver Hemmung neben Typ II auch Typ I und III. Bei unkompetitiver Hemmung neben Typ III ebenfalls Typ I.

Die Feststellungen unter 3. gelten in mehreren Fällen jeweils nur für einen bestimmten Konzentrationsbereich von $S$ oder/und $Y$, der jedoch häufig den experimentell ausnutzbaren Konzentrationsbereich überschreiten dürfte.

Ein Vergleich dieser Ergebnisse mit den klassischen Deutungen der Hemmungsmechanismen zeigt, daß im Falle der kompetitiven Hemmung im engeren Sinne ($Q \gg 1$, $r_0 = 1$, $r_y = 1$) für alle Werte der übrigen Konstanten eine Gerade, und zwar stets Typ II, auftritt.

In gleicher Weise führt eine unkompetitive Hemmung im engeren Sinne ($Q \ll 1$, $r_0 \ll 1$, $r_y = 1$) immer zu Typ III.

Dagegen liegen die Verhältnisse auch bei einer nichtkompetitiven Hemmung im engeren Sinne ($Q=1$, $r_0=1$, $r_y=1$) nicht so eindeutig.

In diesem Fall erhalten wir nur dann eine lineare Beziehung nach Typ I aus Gl.(III.21), wenn $k_1 \gg k_1'$ und außerdem

1. $|r_1 - r_1'| \ll 1$
oder
2. $r_1 \gg \bar{r}$.

Dagegen folgt ein Typ III, wenn

$$r_1 \gg 1 \quad \text{und} \quad \bar{r} \gg r_1.$$

Damit gilt bereits für die klassische, nichtkompetitive Hemmung, daß

1. nur unter bestimmten zusätzlichen Bedingungen eine lineare Beziehung gemäß Gl.(III.26) auftritt[1];
2. die Beziehung zwischen Mechanismus und kinetischem Typ nicht eindeutig ist;
3. allein eine Änderung von $\bar{r}$ bei gleichbleibendem Mechanismus eine Wandlung des kinetischen Bildes erzeugen kann.

Für die Analyse experimenteller Kurven ergeben sich aus den mitgeteilten Überlegungen folgende Konsequenzen:

1. Wenn ein Typ II gefunden wird, kann mit großer Wahrscheinlichkeit auf einen kompetitiven Hemmungsmechanismus geschlossen werden. Allerdings bedeutet dies noch nicht, daß die klassische Vorstellung von einer Verdrängungshemmung erfüllt ist.

2. Einen Typ I oder III dagegen kann jeder der drei Hemmungsmechanismen hervorbringen. Abweichungen von dem erwarteten Typ treten jedoch nur auf, wenn entweder $r_1$ oder $r_1' \gg 1$.

Hieraus geht erneut die Bedeutung einer Bestimmung der Größe von $r_1$ bzw. $r_1'$ hervor. Grundsätzlich ist festzustellen, daß allein aus kinetischen Messungen im stationären Zustand nur

---

[1] BOTTS und MORALES (1953) haben bei der Untersuchung der nichtkompetitiven Hemmung im engeren Sinne die Anschauung vertreten, daß praktisch nur dann, wenn $r_1 = r_1'$, experimentell Typ I gefunden wird. Ihre Folgerung [MORALES (1955)], daß bei einer Fermentreaktion, die einen Hemmungstyp I aufweist, aus diesem Grunde auf ein Quasi-Gleichgewicht zwischen den einzelnen Enzymkomplexen geschlossen werden kann, kann nach den obigen Darlegungen nicht aufrechterhalten werden.

unter zusätzlichen Annahmen Werte für $r_1$ bzw. $r_1'$ gewonnen werden können. Derartige zusätzliche Annahmen können z.B. den zugrunde liegenden Reaktionsmechanismus betreffen:

a) Wenn sowohl $k_1$ als auch $k_1'$ endlich sind, kann man unter Voraussetzung des Schemas (III.10) alle in Gl.(III.21) auftretenden Parameter aus den kinetischen Werten erhalten und aus diesen bei Kenntnis der molaren Enzymkonzentration $E_0$ den absoluten Betrag der einzelnen Geschwindigkeitskonstanten berechnen. Die vollständige Durchführung einer solchen Analyse mit Hilfe der Methode der kleinsten Quadrate beschreiben HEARON u. Mitarb. (1959).

b) Bei Beteiligung eines Coenzyms ermöglichen in einigen Fällen konkrete Annahmen über den bestehenden Mechanismus die Berechnung einzelner Geschwindigkeitskonstanten [DALZIEL (1957)]. Ein Beispiel hierfür bieten Untersuchungen der Leber-Alkoholdehydrogenase [THEORELL (1951), (1955)].

c) Bei einer praktisch reversiblen Fermentreaktion können neben den kinetischen Konstanten für die Hinreaktion auch die für die Rückreaktion bestimmt werden. Hieraus lassen sich für den Fall, daß lediglich ein Enzymsubstratkomplex, der also mit dem Enzymproduktkomplex identisch wäre, angenommen zu werden braucht, die individuellen Geschwindigkeitskonstanten berechnen [ALBERTY (1956)].

Andere Annahmen können von besonderen Eigenschaften des Substrates oder der Effektoren ausgehen:

a) Wenn im konkreten Fall die Annahme statthaft erscheint, daß ein Effektor nur $k_1$, jedoch nicht $E_0$ beeinflusse, kann nach SLATER (1955) die Michaelis-Konstante in die in ihr enthaltenen Einzelkonstanten zerlegt werden.

b) Ein Vergleich zwischen den Michaelis-Konstanten verschiedener Substrate und den Bindungskonstanten jeweils strukturell ähnlicher kompetitiver Inhibitoren kann zu einer Abschätzung der Größenordnung von $r_1$ bzw. $r_1'$ führen [LUMRY u. Mitarb. (1951), HUANG und NIEMANN (1951)].

c) Die Wirkung struktureller Veränderungen eines Substrates auf $V_{max}$ einerseits und $K_m$ andererseits erlaubt mit einer gewissen Wahrscheinlichkeit ebenfalls Rückschlüsse auf die Größenordnung von $r_1$ bzw. $r_1'$.

In einigen Fällen können auch thermodynamische Erwägungen eine bestimmte Größenordnung für $r_1$ oder $r_1'$ nahelegen. So wurde z.B. für die Carboanhydratase geschlossen, daß $r_1 \approx 1$ [KIESE (1941)], während sich im Falle der Carboxypeptidase ergab: $r_1 \gg 1$ [LUMRY u. Mitarb. (1951)].

Die Beweiskraft derartiger Überlegungen ist unterschiedlich, bei der Bewertung ihrer Ergebnisse wird man es an eingehender Kritik nicht fehlen lassen dürfen.

Größere Sicherheit bieten Untersuchungen, bei denen außer der Analyse des stationären Zustandes noch zusätzlich andere Meßverfahren herangezogen werden konnten:

a) Wenn ein Substrat (häufig handelt es sich dabei um ein Coferment) eine sehr kleine Michaelis-Konstante besitzt, kann durch stöchiometrische Gleichgewichtsuntersuchungen zusätzlich die thermodynamische Dissoziationskonstante bestimmt und damit $r_1$ berechnet werden.

b) Bei Anwendung der Methoden zur Messung schneller Reaktionen sind in einigen Fällen die Bildungs- und Zerfallsgeschwindigkeiten des $ES$-Komplexes direkt gemessen worden [CHANCE (1943), (1952)]. Umgekehrt kann bei genügend empfindlicher Meßmethode die Konzentration der einzelnen Komponenten und damit die Reaktionsgeschwindigkeit so stark verringert werden, daß bereits die üblichen kinetischen Methoden zur Verfolgung der auftretenden Geschwindigkeiten ausreichen [THEORELL (1954)]. Schließlich kann unter Umständen dann, wenn die Bindung eines Substrates oder Cofermentes eine hohe Aktivierungsenergie erfordert, die Geschwindigkeit dieses Vorganges durch Herabsetzung der Temperatur in einen zugänglichen Meßbereich gerückt werden.

c) Besonders aufschlußreich sind Bestimmungen kinetischer Konstanten während der Übergangsphase, die dem stationären Zustand vorausgeht [HEARON u. Mitarb. (1959)]. Methodisch handelt es sich wiederum um die Messung schneller Reaktionen [CHANCE (1943), ROUGHTON (1954), LÜBBERS (1959)]. Auch hierbei werden individuelle Geschwindigkeitskonstanten ermittelt.

Abschließend muß also gesagt werden, daß kinetische Untersuchungen eines Fermentes im stationären Zustand zwar methodisch die geringsten Schwierigkeiten bieten und damit naturgemäß am Anfang einer Analyse des Fermentgeschehens stehen, daß aber der Umfang der Information, die auf diesem Wege gewonnen werden kann, den in dieser Arbeit aufgezeigten Begrenzungen unterliegt. In Verbindung jedoch mit anderen Meßmethoden, insbesondere durch eine Analyse der Induktionsphase, vor Erreichen des stationären Zustandes, kann ihre Aussagekraft wesentlich verstärkt werden. Es muß deshalb die Aufgabe einer eingehenden kinetischen Studie sein, möglichst viele verschiedenartige Methoden heranzuziehen, um auf diese Weise dem eigentlichen Ziel fermentchemischer Untersuchungen, dem Verständnis des Wesens der enzymatischen Katalyse, näherzukommen.

## Literatur

ALBERTY, R. A.: Adv. Enzymol. **17**, 1 (1956).
BARENDRECHT, H. P.: Z. phys. Chem. **49**, 456 (1904).
BOTTS, J., and M. F. MORALES: Trans. Faraday Soc. **49**, 696 (1953).
BRIGGS, G. E., and J. B. S. HALDANE: Biochem. J. **19**, 338 (1925).
BROWN, A.: J. chem. Soc. **81**, 373 (1902).
BURK, D.: Zit. in E. R. EBERSOLE, C. GUTTENTAG and P. W. WILSON, Arch. Biochem. **3**, 399 (1944).
CANN, J. R., and J. A. KLAPPER jr.: J. biol. Chem. **236**, 2446 (1961).
CHANCE, B.: J. biol. Chem. **151**, 553 (1943).
— Adv. Enzymol. **12**, 153 (1951).
—, D. S. GREENSTEIN, J. HIGGINS and C. C. YANG: Arch. Biochem. **37**, 322 (1952).
—, and F. J. W. ROUGHTON: Arch. Biochem. **37**, 301 (1952).
DALZIEL, K.: Acta chem. scand. **11**, 1706 (1957).
FRIEDENWALD, J. S., and G. D. MAENGWYN-DAVIES: In W. D. MCELROY and B. GLASS, The mechanism of enzyme action, p. 154. Baltimore 1954.
GUTFREUND, H.: Disc. Faraday Soc. **20**, 167 (1955).
HALDANE, J. B. S.: Enzymes. London 1930.
— u. K. STERN: Allgemeine Chemie der Enzyme, S. 119. Dresden u. Leipzig 1932.
HANES, C. S.: Biochem. J. **26**, 1406 (1932).
HEARON, J. Z.: Physiol. Rev. **32**, 499 (1952).
—, S. A. BERNHARD, S. L. FRIESS, D. J. BOTTS and M. F. MORALES: In P. D. BOYER, H. LARDY and K. MYRBÄCK, The Enzymes, 2. edit., vol. 1, p. 49. New York 1959.
HENRI, V.: Lois générales de l'action des diastases. Paris 1903.
HUANG, H. T., and C. NIEMANN: J. Amer. chem. Soc. **73**, 1541 (1951).
KELLER, H., W. MÜLLER-BEISSENHIRTZ u. H. E. OHLENBUSCH: Hoppe-Seylers Z. physiol. Chem. **316**, 172 (1959).
KIESE, M.: Biochem. Z. **307**, 400 (1941).
KUHN, R.: Hoppe-Seylers Z. physiol. Chem. **125**, 1 (1923).
LAIDLER, K. J.: Trans. Faraday Soc. **51**, 528 (1955).
— Trans. Faraday Soc. **52**, 1374 (1956).

LANGMUIR, J.: J. Amer. chem. Soc. **40**, 1361 (1918).
LINEWEAVER, H., and D. BURK: J. Amer. chem. Soc. **56**, 658 (1934).
LÜBBERS, D., u. W. NIESEL: Pflügers Arch. ges. Physiol. **268**, 286 (1959).
LUMRY, R.: In P. D. BOYER, H. LARDY and K. MYRBÄCK, The Enzymes, 2. edit., vol. 1, p. 157. New York 1959.
—, E. L. SMITH and R. GLANTZ: J. Amer. chem. Soc. **73**, 4330 (1951).
MEDWEDEW, G.: (a) Enzymologia **2**, 1 (1937).
— (b) Enzymologia **2**, 31 (1937).
— (c) Enzymologia **2**, 53 (1937).
MICHAELIS, L., u. M. L. MENTEN: Biochem. Z. **49**, 333 (1913).
— u. H. PECHSTEIN: Biochem. Z. **60**, 79 (1914).
— u. P. RONA: Biochem. Z. **60**, 62 (1914).
MORALES, M. F.: J. Amer. chem. Soc. **77**, 4169 (1955).
NETTER, H.: Theoretische Biochemie. Berlin-Göttingen-Heidelberg: Springer 1959.
OHLENBUSCH, H. D.: 1959 (unveröffentlicht).
RACKER, E.: In W. D. MCELROY and G. GLASS, The mechanism of enzyme action, p. 464. Baltimore 1954.
ROUGHTON, F. J. W.: Disc. Faraday Soc. **17**, 116 (1954).
SEGAL, H. L., J. F. KACHMAR u. P. D. BOYER: Enzymologia **15**, 187 (1952).
SLATER, E. C.: Disc. Faraday Soc. **20**, 231 (1955).
THEORELL, H., u. B. CHANCE: Acta chem. scand. **5**, 1127 (1951).
— u. A. P. NYGAARD: (a) Acta chem. scand. **8**, 877 (1954).
— (b) Acta chem. scand. **8**, 1649 (1954).
—, — u. P. BONNICHSEN: Acta chem. scand. **9**, 1148 (1955).

MIX
Papier aus verantwortungsvollen Quellen
Paper from responsible sources
FSC® C105338

If you have any concerns about our products,
you can contact us on
**ProductSafety@springernature.com**

In case Publisher is established outside the EU,
the EU authorized representative is:
**Springer Nature Customer Service Center GmbH
Europaplatz 3, 69115 Heidelberg, Germany**

Printed by Libri Plureos GmbH
in Hamburg, Germany